家装细部钻石法则

天花吊顶

中国林业出版社
China Forestry Publishing House

Ceiling

天花吊顶的作用 /4

天花吊顶的类型 /6

天花吊顶的材料 /8

天花吊顶的颜色 /12

中式风格 /14

欧式风格 /38

田园风格 /58

现代风格 /76

四招选对天花吊顶

天花吊顶又称顶棚、天花板，是建筑装饰工程的一个重要子分部工程，天花板吊顶具有保温、隔热、隔声、弥补房屋本身的缺陷、增加空间的层次感、便于补充光源、便于清洁、吸声的作用，也是电气、通风空调、通信和防火、报警管线设备等工程的隐蔽层。过去传统民居中多以草席、苇席、木板等为主要材料，随着科技的进步，更多的现代建筑材料被应用进来。选择天花吊顶需要注意以下四点：

*注重实用看质量

实用是天花吊顶产品最基本的要求，如果不实用，吊顶装修也就失去了原来的意义，现在的天花吊顶产品市场价从每平方几十元到几百元不等，且有许多低价特价产品的扣板模块都是用废旧材料制作，材质轻薄，使用寿命短，消费者在选购产品时要多关注扣板质量，此外还要注意取暖模块、换气模块、照明模块等电器模块是否通过国际质量认证等。

*关注健康看环保

居室装修一定要注意装修材料的质量，尤其是像甲醛一类的有毒物质对人的身体健康有很大的危害，许多集成吊顶品牌开发研制了绿色环保的集成吊顶产品，不管是天花还是集成吊顶，都采用环保的材料，旨在为广大消费者创造出高雅、环保、健康的精品。另外，节能也是环保的重要组成部分，消费者在选购时除了重视吊顶板材的环保性外，也要关注下电器模块是否节能省电。

*放心使用看服务

挑选天花吊顶要关注售前、售中、售后服务。三分材料七分安装，正确的安装才能保证产品日后的正常使用。据了解，大品牌的一线服务人员都受过各种专业安装培训，消费者在购买时要关注该品牌的安装质量。许多天花吊顶产品的保修期短，很多经销商便以次充好，换成劣质、薄型材料，严重损害消费者的利益。因而消费者应该选择那些销售服务好、品牌口碑佳、保修期长的天花吊顶产品。

*选择品牌看细节

俗话说："品味来自细节，细节铸就完美。"各大要素都已经想到，细节方面也不容忽视。例如消费者在选择天花吊顶时，往往在商家的误导下只关注主板部分而忽略了内部的安装框架，这部分辅材相当于大楼的地基与梁柱，偷工减料极易锈蚀变形，造成吊顶下沉甚至塌落。因此大到板材、小到龙骨吊件，消费者在选购时一定要细心观察，一个都不能马虎。

天花吊顶的作用

随着人们生活水平的提高,对天花吊顶的装饰作用日渐重视起来。在注重细节的今天,天花吊顶有了全新的形象,已经从遮挡设备层、设置灯饰上升到审美的高度,人们都认识到,天花吊顶是私密空间的一片天空,天花吊顶的设计对房间的影响非常大,也能够很大程度上左右人的心境。下面将简单介绍一下天花吊顶的作用:

1. 弥补原建筑结构的不足

如果层高过高,会使房间显得空旷,可以用天花吊顶来降低高度;如果层高过低,也可以通过吊顶进行处理,利用视觉的误差,使房间"变"高。有些住宅原建筑房顶的横梁、暖气管道,露在外面很不美观,可以通过吊顶掩盖以上不足,使顶面整齐有序而不杂乱。

2. 增强装饰效果

天花板吊顶可以丰富顶面造型,增强视觉感染力,使顶面处理富有个性,从而体现独特的装饰风格。还可以通过元素的点缀,来加强居室的装修风格。如回纹装饰的天花板就可以突出中式风格。

3. 便于补充光源

有些住宅原建筑照明线路单一,照明灯具简陋,无法创造理想的光照环境。天花板吊顶就可以将许多管线隐藏起来,还可以预留灯具安装部位,能产生点光、线光、面光相互辉映的光照效果,使室内增色不少,丰富室内光源层次,达到良好的照明效果。

4. 隔热保温

顶楼的住宅如无隔温层,夏季时阳光直射房顶,室内如同蒸笼一般,可以通过吊顶加一个隔温层,起到隔热降温的功用。冬天,它又成了一个保温层,使室内的热量不易通过屋顶流失。

5. 分割空间

吊顶是分割空间的手段之一,通过吊顶,可以使原来层高相同的两个相连的空间变得高低不一,从而划分出两个不同的区域。如客厅与餐厅,通过吊顶分割,即既使两部分分工明确,又使下部空间保持连贯、通透,一举两得。

6. 便于清洁

厨房和卫生间同属于是水汽、油烟居多的地点,天花板吊顶不但可以防止水汽进入房顶还可以防止油烟散乱,由于厨卫处天花吊顶属于金属或铝合金制成,所以便于清洁。

天花吊顶的类型

天花吊顶按照设计方法来分可以分为平板吊顶、异型吊顶、局部吊顶、格栅式吊顶、藻井式吊顶等五大类型。具体使用哪一种类型的天花吊顶要看具体情况和个人喜好而定。

1. 平板吊顶

平板吊顶是最常见的一种吊顶形式，一般是以PVC板、铝扣板、石膏板、矿棉吸音板、玻璃纤维板、玻璃等为材料，照明灯卧于顶部平面之内或者吸在天花板上，一般安排在卫生间、厨房、阳台和玄关等部位。

2. 异型吊顶

异型吊顶是局部吊顶的一种，主要适用于卧室、书房等空间，在楼层比较低的房间，客厅也可以采用异型吊顶。方法是用平板吊顶的形式，把顶部的管线遮挡在吊顶内，顶面可嵌入筒灯或内藏日光灯，使装修后的顶面形成两个层次，不会产生压抑感。异型吊顶采用的云型波浪线或不规则弧线，一般不超过整体顶面面积的三分之一，超过或小于这个比例，就难以达到好的艺术效果。

3. 局部吊顶

局部吊顶是居室的顶部有水、暖、气管道,而且房间的高度又不允许进行全部吊顶的情况下,采用的一种局部吊顶的方式。这种方式的好处是,这些水、电、气管道靠近边墙附近,吊顶可以把这些设备遮盖住,装修出来的效果与异型吊顶相似。

4. 格栅式吊项

这也属于平板吊顶的一种,但是造型要比平板吊顶生动、活泼,装饰的效果比较好。做法是先用木材做成框架,镶嵌上透光或磨沙玻璃,光源在玻璃上面。一般适用于居室的餐厅、门厅。它的优点是光线柔和,气氛轻松和自然。

5. 藻井式吊顶

这类吊顶的前提是,你的房间必须有一定的高度(高于2.85m),且房间较大。它的式样是在房间的四周进行局部吊顶,可设计成一层或两层,装修后的效果有增加空间高度的感觉,还可以改变室内的灯光照明效果。

6. 无吊顶装修

由于小户型的居室或层高较低的房间在吊顶后,会让人感到压抑和沉闷。所以,顶面不加修饰的装修,开始流行起来。无吊顶装修的方法是,顶面做简单的平面造型处理,采用现代的灯饰灯具,配以精致的角线,也给人一种轻松自然的怡人风格。不过很多房子因为采光或特殊需要,不但需要吊顶,而且需要对顶面进行特别设计处理。

天花吊顶的材料

吊顶的材料主要有矿棉板、石膏板、生态木、塑钢板、铝扣板、玻璃、金属等几种：

1. 矿棉板吊顶

矿棉板吊顶是目前较受市场欢迎的一种吊顶材料，它最大的特点就在于吸声、隔热效果好，而且它图案、花纹丰富，因而被广泛用于各类建筑的吊顶天花。其不燃的特性，更是有效满足了建筑设计的防火需求。

矿棉板用优质矿棉作为主原料，100% 不含石棉，不会出现针状粉尘，不会经呼吸道进入体内，对人体无害。使用复合纤维和网状结构基层涂料，大大提高了抗冲击、抗变形能力。矿棉板内部结构呈立体交叉网状结构，内部空间充足，结构牢靠，大大提高了自身的吸音降噪能力，比普通矿棉板吸音效果提高 1~2 倍。内部添加防潮剂，既增加了表面纤维抗力，有效稳定胶结剂，保持板材强度，并能调节室内湿度，改善居住环境。纳米抗菌剂充斥板体内部，能有效防霉、灭菌、抑菌再生，大大提高了适用范围，使其能够应用到具有要求抗菌、灭菌的无菌环境中。添加稀土无机复合材料，使矿棉板具有表面活性，能够强烈吸附、分解装修过程中产生的甲醛等有毒物质，并且具有离子交换机的化学性能，有效提高空气中的氧离子的浓度。

生态木吊顶　　　　　　　　　　　　矿棉板吊顶

2. 生态木吊顶

　　生态木吊顶属于生态木产品的一种，简单的说就是人造木，它是一种将树脂和木质纤维材料及高分子材料按一定比例混合，经高温、挤压、成型等工艺制成的一定形状的型材。生态木是和原木相对的，它是一种比原木更环保、节能的新型木材，它几乎具有木材的天然质感，是国际上技术领先的环保产品。

　　生态木具有很好的稳定性，在物理上具有实木的特性，而且又具有防水、防腐、保温、隔热等特点。生态木在制作中添加了光和热稳定性、抗紫外线和低温耐冲击等改性剂，因此它还具有强的耐候性、耐老化性和抗紫外线等性能，不会发生变质、开裂、脆化等现象。

　　从加工性能来看，生态木吊顶与传统原木吊顶不相上下，钉、钻、切割、粘接、螺栓连接固定——所有传统原木吊顶可进行的加工工序，生态木吊顶都可以做到。难能可贵的是，生态木吊顶表面光滑细腻、无需砂光和油漆，即便需要油漆，其较好的油漆附着性也完全可以供不同喜好的人根据喜好上漆。

3. 石膏板吊顶

　　石膏板是目前应该比较广泛的一类新型吊顶材料，具有良好的装饰效果和较好的吸音性能，较常用的是浇筑石膏装饰板和纸面装饰吸音板。

　　浇筑石膏装饰板具有质轻、防潮、不变形、防火、阻燃等特点，并有施工方便、加工性能好，可锯、可钉、可刨、可粘结等优点。主要品种有：各种平板、花纹浮雕板、半穿孔板、全穿孔板、防水板等。花纹浮雕板适用于居室的客厅、卧室、书房吊顶；防水板多用于厨房、卫生间等湿度较大的场所。

　　纸面装饰吸音板具有防火、隔音、隔热、抗振动性能好、施工方便等特点。

4. 塑钢吊顶

　　塑钢吊顶以分子复合材料为原料，经加工成为企口式型材，具有重量轻、安装简便、防水、防潮、防蛀虫、环保的特点，它表面的花色、图案变化也非常多，并且耐污染、好清洗、有隔音、隔热的良好性能，特别是新工艺中加入了阻燃材料，使其能离火即灭，使用更为安全。它成本低，装饰效果好，因此在家庭装修吊顶材料中占有重要位置，成为卫生间、厨房、浴室、阳台等吊顶的主导材料。

　　塑钢吊顶型材的耐水、耐擦洗能力很强。板缝间易受油渍污染，清洗时可用刷子醮清洗剂刷洗后，用清水冲净；注意照明电路不要沾水。塑钢吊顶型材若发生损坏，更新十分方便，只要将一端的压条取下，将板逐块从压条中抽出，用新板更换破损板，再重新安装，压好压条即可。更换时应注意新板与旧板的颜色需一样，不要有色差。

5. 金属制品吊顶

　　金属制品吊顶指的是一种集多种功能、装饰性于一体的吊顶金属装饰板。与传统吊顶材料相比，除保持其特性外，质感、装饰感方面更优，可分为吸声板和装饰板（不开孔）。吸声板能根据声学原理，利用各种不同穿孔率的金属板来达到消除噪声的效果，孔型根据需要有圆孔、方孔、长圆孔、长方孔、三角孔、大小组合孔等，底板大都是白色或铝色。另一种金属装饰板，特别注重装饰性，线条简洁流畅，造型美观，色泽优雅，有古铜、黄金、红、蓝、奶白等颜色；规格恰好与普通住宅的宽度相吻合，与大理石、铝合金门窗等材料连接浑然一体，高雅华丽，为居室环境锦上添花。

　　金属装饰板的材质种类有铝、铜、不锈钢、铝合金等，选择铜、不锈钢材料的装饰板档次较高，价格也高，一般的局部装饰，选择铝合金装饰板较合适，符合人们一般的购物心理，物美价廉。规格方面有长方形、正方形等。长方形板的最大规格为6000mm×0.5mm，一般居室的宽度约5m多，对较大居室的装修，选用长条形板材的整体性强；对小房间的装饰一般可选用300mm×300mm的。

石膏板吊顶

塑钢吊顶

金属吊顶

吊顶的颜色搭配

在装修时，天花吊顶的颜色往往决定着居室的风格和基调，因此为天花吊顶选择合适的颜色并与居室氛围相搭配显得尤为重要。

1. 客厅

客厅天花吊顶颜色宜轻不宜重。客厅的天花吊顶象征天，地板象征地；天花吊顶的颜色宜浅，地板的颜色宜深，以符合"天轻地重"之义，这样在视觉上才不会有头重脚轻或压顶之感。例如使用浅蓝色，象征朗朗蓝天；而使用白色，则象征白云悠悠。

客厅天花吊顶的灯具选择很重要，最好是用圆形的吊灯或吸顶灯，因为圆形有处事圆满的寓意。有些缺乏阳光照射的客厅，室内昏暗不明，久处其中容易情绪低落。这种情况最好是在天花吊顶的四边木槽中暗藏日光灯来加以补光，这样的光线从天花吊顶折射出来，柔和而不刺眼。而日光灯所发出的光线最接近太阳光，对于缺乏天然光的客厅最为适宜。客厅天花吊顶还可以配备一些布线并且安装上射灯，如果是年轻人可以选择有活力的颜色，如紫色、粉色等。

2. 卧室

首先，卧室吊顶颜色选择要根据主人的喜好和空间的大小为依据。大面积的卧室，则可选择多种颜色来诠释；小面积的卧室颜色最好以单色为主，单色会使卧室会显得更宽大，不会有拥挤的感觉。

其次，卧室装修时，尽量以暖色调和中色调为主，过冷或反差过大的色调尽量少使用。卧室吊顶的颜色要尽量与墙面、地面、窗帘、床罩等的颜色相协调，采用相同或相近色系。卧室吊顶颜色的选择，应根据卧室的功能进行设计，一般来说应以静谧、舒适、温馨的感觉为主，如浅黄色、乳白色、淡咖色等都是不错的选择。

同时也要考虑到朝向和采光的问题。如果卧室阴暗，天花吊顶则要选择暖色调；如果朝向燥热，则宜选择冷色调。

3. 厨房

厨房吊顶颜色的选择要充分考虑和墙面瓷砖以及橱柜的色彩搭配，应该尽量保持高度统一的整体感觉。也有很多业主喜欢纯颜色的厨房吊顶，这样做的话需要根据室内多方面的因素来选择所要使用的颜色，一定要慎重考虑。如果厨房的墙砖是白色的话，那么可以尽量选择灰白色系的厨房吊顶来搭配。如果厨房的瓷砖选择的是冷色系的，那么应该尽量选择同色系的集成吊顶进行搭配；如果厨房的瓷砖颜色是暖色系的，那么也可以选择同色系的厨房吊顶搭配，比如黄色或者橘色。

4. 卫生间

在色彩搭配上，卫生间的色彩效果由墙面、地面材料、灯光等组成，卫生间的吊顶色彩以具有清洁感的色调为佳，搭配同类色和类似色为宜。

如浅灰色的瓷砖、白色的浴缸、奶白色的洗脸台，配上淡黄色的天花吊顶。也可用清爽单纯的暖色调，如乳白、象牙黄或玫瑰红的天花吊顶，辅助以颜色相近、图案简单的地板，在柔和、弥漫的灯光映衬下，不仅使空间视野开阔，暖意倍增，而且愈加清雅洁净，怡心爽神。

大胆地使用黑色配金色吊顶，凸显神秘与高贵，再加上玻璃、云石、镜子，借着灯光散下点点星辉，更显得金光灿烂，气派不凡。

另外，卫生间使用黑白素色的吊顶，更显得分明、简洁明净，以绿色植物作点缀，可平添不少生气。

中式风格

Ceiling CHINESE

中式风格的天花吊顶强调以中国元素作为设计要点，结合现代工艺和手法来表现，材料的选择会考虑与家具以及软装相呼应，比如木质阴角线，或者用木质线条勾勒简单的造型，给人以舒适安逸的感觉，置身居室中能够感受到中国浓郁悠久的文化韵味。

Ceiling

Ceiling

Ceiling

18 - 19 / 天花吊顶

Ceiling

Ceiling

Ceiling

Ceiling

Ceiling

Ceiling

Ceiling

Ceiling

ceiling

Ceiling

Ceiling

Ceiling

ceiling

Ceiling

ceiling

Ceiling

34 - 35 / 天花吊顶

Ceiling

Ceiling
EUROPEAN
欧式风格

欧式风格的天花吊顶按不同的地域文化可分为北欧、简欧和传统欧式。欧式风格天花吊顶往往以浪漫主义为基础，装修材料常用大理石、石膏、金属等，造型大气华丽，颜色金碧辉煌，线条流畅精致，整个风格豪华、富丽，充满强烈的视觉效果。

Ceiling

40 — 41 / 天花吊顶

Ceiling

Ceiling

ceiling

Ceiling

Ceiling

Ceiling

Ceiling

48 — 49 / 天花吊顶

Ceiling

Ceiling

50 — 51 / 天花吊顶

Ceiling

ceiling

Ceiling

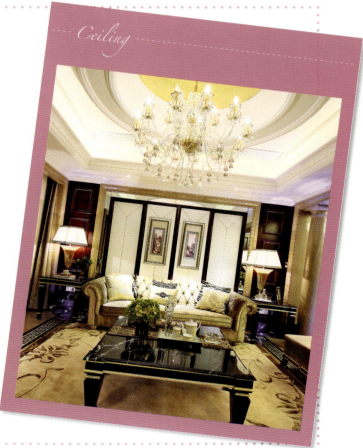

Ceiling

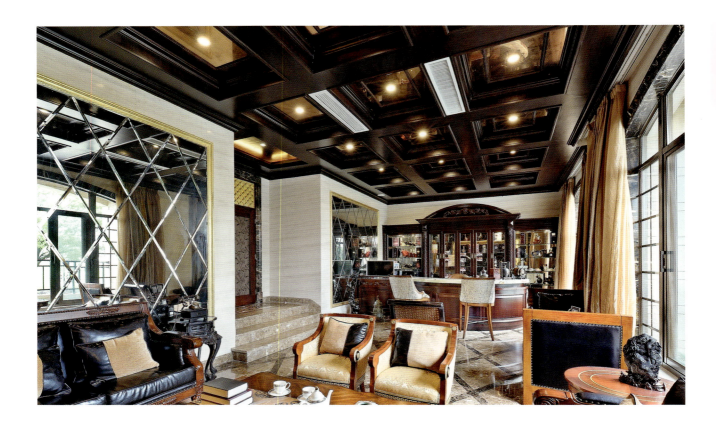

Ceiling

Ceiling

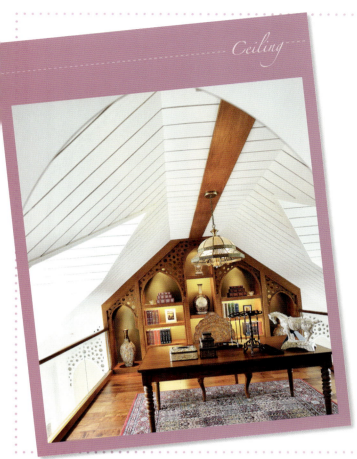

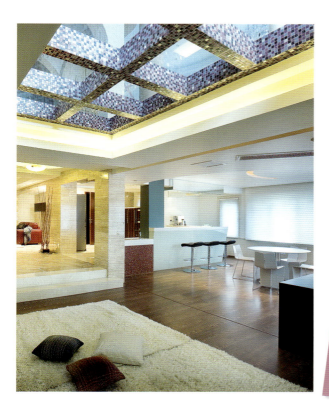

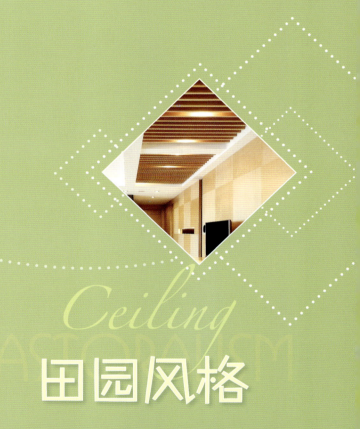

田园风格

自然田园风格的天花吊顶迎合了人们对于自然环境的关心、回归和渴望之情，在时下受到欢迎。材质上，多选用木质，带来自然的香气与氛围，并且与家具搭配适宜，设计中，遵循既省材、牢固、安全，又美观、实用的原则，营造了一种温馨、舒适的居室环境。

Ceiling

Ceiling

Ceiling

Ceiling

Ceiling

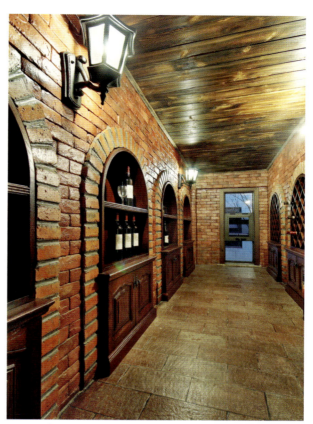

Ceiling

Ceiling

Ceiling

Ceiling

Ceiling

Ceiling

Ceiling

Ceiling

72 — 73 / 天花吊顶

Ceiling

Ceiling

Ceiling

Ceiling
MODERN
现代风格

崇尚现代简约风格的设计师们抛弃了华丽的点缀与装饰，运用灵动的线条勾勒、图形与色彩的搭配、几何个性空间的分割，设计出现代感强烈的天花吊顶，配合灯光的效果，塑造出更具有视觉冲击力的抽象感和艺术感。

ceiling

Ceiling

Ceiling

Ceiling

Ceiling

Ceiling

Ceiling

Ceiling

Ceiling

Ceiling

Ceiling

ceiling

Ceiling

Ceiling

Ceiling

Ceiling

Ceiling

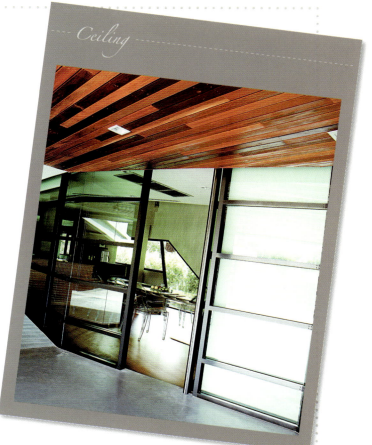

Ceiling